LEVEL
2

사이언스 리더스

태양계
행성 탐험

엘리자베스 카니 지음 | 김아림 옮김

 비룡소

엘리자베스 카니 지음 | 미국 뉴욕 브루클린에 살며 작가이자 편집자이다. 어린이 지식책과 과학, 수학 잡지 등에 주로 글을 쓴다. 2005년 미국과학진흥협회(AAAS)에서 주는 과학 저널리즘상 어린이 과학 보도 부분을 받았다.

김아림 옮김 | 서울대학교에서 공부하고 같은 대학원 과학사 및 과학철학 협동 과정에서 석사 학위를 받았다. 출판사에서 과학책을 만들다가 지금은 책 기획과 번역을 하고 있다.

이 책은 미국 항공 우주국 전 비행 관제사이자 내셔널 지오그래픽 명예 탐험가인
메리앤 J. 다이슨이 감수하였습니다.

내셔널지오그래픽 키즈 사이언스 리더스
LEVEL 2 태양계 행성 탐험

1판 1쇄 찍음 2024년 12월 20일 1판 1쇄 펴냄 2025년 1월 15일
지은이 엘리자베스 카니 옮긴이 김아림 펴낸이 박상희 편집장 전지선 편집 이혜진 디자인 손은경
펴낸곳 (주)비룡소 출판등록 1994.3.17.(제16-849호) 주소 06027 서울시 강남구 도산대로1길 62 강남출판문화센터 4층
전화 02)515-2000 팩스 02)515-2007 홈페이지 www.bir.co.kr 제품명 어린이용 반양장 도서 제조자명 (주)비룡소
제조국명 대한민국 사용연령 3세 이상 ISBN 978-89-491-6915-6 74400 / ISBN 978-89-491-6900-2 74400 (세트)

사진 저작권 Cover, David Aguilar; 1, Earth Imaging/Getty Images; 2, NASA; 4-5, Tony Hallas/Science Faction/Corbis; 6-7, SuperStock; 8-9, NASA; 9 (top), NASA 10-11, NASA/Photo Researchers/Getty Images; 12 (left), Albert Klein/Oxford Scientific RM/Getty Images; 12 (right), Albert Klein/Oxford Scientific RM/ Getty Images; 13 (left), David Aguilar; 13 (right), NASA; 14-15, SuperStock; 15 (left), Mikhail Markovskiy/Shutterstock; 15 (top right), Willyam Bradberry/Shutterstock; 15 (bottom right), Galyna Andrushko/Shutterstock; 16, NASA; 17, Steve A. Munsinger/Photo Researchers RM/Getty Images; 18 (bottom left), David Aguilar; 18 (bottom right), David Aguilar; 18 (center), David Aguilar; 18 (top), David Aguilar; 19, David Aguilar; 20 (top), Ian McKinnell/Getty Images; 20 (center), Albert Klein/Oxford Scientific RM/Getty Images; 20 (bottom), Albert Klein/Oxford Scientific RM/Getty Images; 21 (center), NASA; 21 (bottom), Dr. Mark Garlick; 22, Digital Vision/Getty Images; 23 (center), Albert Klein/Oxford Scientific RM/Getty Images; 23 (top), NASA; 23 (center), Albert Klein/Oxford Scientific RM/ Getty Images; 23 (bottom), NASA; 25, NASA/Science Source/Photo Researchers RM/ Getty Images; 26, Reuters; 27, NASA/JPL-Caltech; 28, PhotoResearchers/Getty Images; 29, Ludek Pesek/National Geographic Stock; 30 (top), NASA; 30 (center), NASA; 30 (bottom), Photolink/Getty Images; 31 (top left), Ismael Jorda/Shutterstock; 31 (top right), NASA; 31 (bottom left), Image Source/Getty Images; 31 (bottom right), NASA; 32 (top left), Earth Imaging/ Getty Images; 32 (top right), Digital Vision/Getty Images; 32 (center left), NASA; 32 (center right), Photolink/Photodisc/ Getty Images; 32 (bottom left), NASA/ Photo Researchers RM/Getty Images; 32 (bottom right), NASA; background, David Aguilar; header, David Aguilar; Space Clues, David Aguilar

이 책의 차례

반짝반짝 밤하늘의 빛 4

도대체 행성이 뭐야? 6

태양이 별이라고? 8

우리는 태양계 친구들! 10

태양과 가까운 뜨거운 행성들 12

지구가 특별한 이유 14

고리가 있는 거대한 행성들 16

왜소행성의 특징 18

매력 만점 행성들 20

행성 주위를 도는 위성 22

지구와 달은 짝꿍! 24

미션, 행성을 탐사하라! 26

도전! 행성 박사 30

이 용어는 꼭 기억해! 32

반짝반짝 밤하늘의 빛

밤하늘을 이리저리 살펴보면, 환하게 반짝이는 것들을 볼 수 있어. 모두 **별** 아니냐고? 그렇지 않아. 거대한 암석이나 기체로 이루어진 다른 무언가일 수도 있단다. 앞으로 이것들이 무엇인지 알아보자!

우주 용어 풀이

별: 스스로 빛을 내는 기체 덩어리.

도대체 행성이 뭐야?

밤하늘을 수놓은 밝은 빛은 대부분 우리가
잘 알고 있는 별이야. 별은 다른 말로
'항성'이라고도 해.

우주 용어 풀이

궤도: 행성이나 달이 태양이나
다른 행성을 돌면서 그리는 타원
모양의 길.

행성: 별 주위를 도는 커다란
암석과 기체 덩어리.

반사: 똑바른 방향으로
나아가다가 다른 물체에 부딪혀
방향을 바꾸는 것.

별 주변에는 별의 **궤도**를 따라 빙빙 도는 둥근 **행성**이 있어. 우리가 밤하늘에서 보는 반짝이는 것들 중에는 행성도 있지. 그런데 행성은 스스로 빛을 내지 못해. 자기가 도는 별에서 나온 빛을 **반사**해서 별처럼 빛나 보이는 거야.

태양이 별이라고?

날마다 지구를 밝게 비추는 태양도 별이야.

그래서 스스로 빛과 열을 만들어 내지.

그것도 아주 엄청나게 많이!

태양

태양을 맨눈으로 보면 안 돼.
너무 밝고 뜨거워서 눈이
상할 수 있거든.

어느 정도냐면, 태양의 겉면은 무지 더운
여름날보다 약 100배는 더 뜨거워. 크기도
어마어마하게 커! 만약 태양 안에 지구를 쏙
집어넣는다면, 100만 개는 들어갈 거래.

지구

우리는 태양계 친구들!

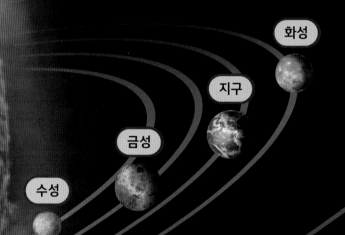

화성

지구

금성

수성

태양계에는 커다란 행성
8개가 있어. 이 행성들은 각각
궤도를 따라서 태양 주변을
빙글빙글 돌아.

해왕성

천왕성

토성

목성

태양과 태양 주위를 도는
행성 8개야.
저기, 지구도 보이지?

태양은 엄청난 **중력**으로 행성들을 끌어당겨.
그래서 행성들이 태양 주위에서 멀어지지
않고 궤도를 돌 수 있는 거란다. 지구에도
중력이 있어. 손에 들고
있던 공을 놓으면
둥둥 떠다니지 않고
땅으로 떨어지는
것도 중력 때문이야.

우주 용어 풀이

태양계: 태양과 그 주위를
도는 모든 것.

중력: 태양, 지구 등이 물체를
끌어당기는 힘.

태양과 가까운 뜨거운 행성들

여기, 행성 4개를 좀 봐. 수성, 금성, 지구,
화성이란다. 태양과 가까이 있어서 뜨거워.

금성

수성

화성

지구

또 모두 지구처럼 주로 딱딱한 암석과
금속으로 이루어져 있어. 지구와 닮은
점이 많은 이 행성들을 묶어서 **지구형
행성**이라고도 해.

지구가 특별한 이유

우리가 사는 지구에 대해서 조금 더 자세히
알아보자. 지구는 태양에서 세 번째로 멀리
떨어져 있는 행성이야.

지구는 태양과 적당히 떨어져 있어서
너무 춥지도, 덥지도 않아. 풀이 돋아나고,
동물들이 무럭무럭 자라며 살아가기에 딱
알맞지.

바다 동물

풀과 나무

육지 동물

고리가 있는 거대한 행성들

토성

토성의 고리

토성은 태양계 행성 가운데
가장 거대한 고리를 가지고 있어.

천왕성

목성

해왕성

토성

태양과 멀찍이 떨어진 곳에는
거대한 행성들이 있어. 바로 목성,
토성, 천왕성, 해왕성이야! 이 4개를
묶어서 **목성형 행성**이라고 하지.

목성형 행성은 주로 기체와 액체로 이루어져
있어. 또 모두 고리가 있는데, 이 고리는
대부분 얼음과 먼지로 만들어졌단다.

왜소행성의 특징

태양계에는 행성 8개 외에 **왜소행성** 5개가 더 있어. 생김새도 행성과 닮았지. 하지만 완전한 행성이라고 볼 수는 없어. 왜 그럴까?

마케마케

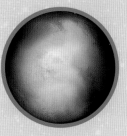

세레스

명왕성

에리스

하우메아는 마치 달걀처럼 생겼어.

왜소행성은 행성보다 크기가 훨씬 작아.
모양도 여러 가지야. 명왕성은 둥근 공처럼
생겼고, 하우메아는 길쭉한 달걀과 닮았지.
또 태양계 8개의 행성들은 태양을 도는
궤도가 서로 겹치지 않지만, 왜소행성은 다른
행성과 궤도가 겹치기도 해.

매력 만점 행성들

태양계 행성들의 놀라운 특징을 알아보자.

누워서 빙글빙글

천왕성

천왕성은 태양계의 다른 행성들과 달리, 마치
드러누운 것처럼 기운 채로 돌아.

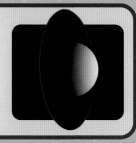

무지막지한 바람이 부는 곳

해왕성

해왕성은 태양계에서 가장 센 바람이 부는 곳이야.
지구에서 일어나는 허리케인보다 훨씬 강력해.

헉, 슈퍼 소용돌이다!

목성

목성에는 '대적점'이라고 하는 엄청나게 큰
소용돌이가 있어. 대적점은 크기가 지구의 2배
가까이 돼.

대적점

뜨거워도 너무 뜨거워!

금성

금성은 태양계 행성 중 가장 뜨거워. 태양과 가장
가까운 행성도 아닌데 말이야. 금성 겉면을 덮은
두터운 대기층이 태양의 열을 가두어서 그렇대.

거대한 산을 품은 행성

화성

화성에는 올림퍼스 몬스 화산이라는 거대한 산이
있어. 이 산의 높이는 지구에서 가장 높은 산인
에베레스트산을 3개 쌓아 올린 것과 비슷해.

올림퍼스 몬스 화산

에베레스트산

행성 주위를 도는 위성

지구 같은 몇몇 행성은 **위성**을 가지고 있어.
위성은 행성의 주위를 돌아. 얼음이나
암석으로 이루어져 있지.

위성이 없는 행성도 있고, 아주 많은 행성도
있어. 목성은 무려 90개가 넘는 위성을
거느리고 있대!

목성

갈릴레오 갈릴레이가
발견한 목성의
위성들이야. 이 네
위성을 갈릴레이
위성이라고 불러.
목성의 위성 가운데
제일 커.

토성 주위에는 타이탄이라는 거대한 위성이 있어. 타이탄은 태양계에서 가장 큰 위성 중 하나야. 행성인 수성보다도 커! 위성은 대부분 행성보다 크기가 작은데 말이야.

한편 수성과 금성은 위성이 하나도 없다고 해.

달

수성

타이탄

지구와 달은 짝꿍!

지구의 위성은 오직 하나뿐이야. 밤하늘에
환하게 뜨는 **달**이 바로 그 주인공이지!

1969년, 미국의 우주 비행사들이 우주선을
타고 처음으로 달에 다녀왔어. 달에 발자국도
꾹 남겼지. 달에는 바람이 불지 않고 비나
눈도 내리지 않아. 그래서 그때 남긴
발자국이 지워지지 않고 지금도 선명히 남아
있어.

우주 용어 풀이

달: 지구의 위성. 햇빛을
반사하여 밤에 밝은 빛을
낸다.

사진 속 인물은
버즈 올드린이라는
우주 비행사야.
1969년에 우주선
아폴로 11호를 타고
달에 다녀왔어.

미션, 행성을 탐사하라!

과학자들은 여러 가지 방법으로 행성을 연구해. 그중 하나는 행성으로 직접 가는 거야! 하지만 아직은 사람이 지구 외에 다른 행성으로 갈 수는 없어. 그래서 과학자들은 로봇을 대신 보내서 행성을 **탐사**하게 해.

우주 용어 풀이

탐사: 알려지지 않은 사물, 사실 등을 샅샅이 조사하는 것.

미국의 과학자들이 화성으로 로켓을 쏘아 올린 모습이야. 로켓 안에 화성 탐사선을 실어서 우주로 보냈어.

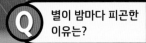
행성을 탐사하는 탐사 로봇 차를 흔히 '로버'라고 불러. 로버에는 카메라와 여러 장비들이 달려 있어. 이것으로 행성 곳곳의 모습을 사진과 동영상으로 찍지. 로버는 이렇게 알아낸 정보를 지구로 보내 줘.

화성 탐사 로봇 '큐리오시티 로버'야. 2012년부터 지금까지 화성 표면을 탐사하고 있어.

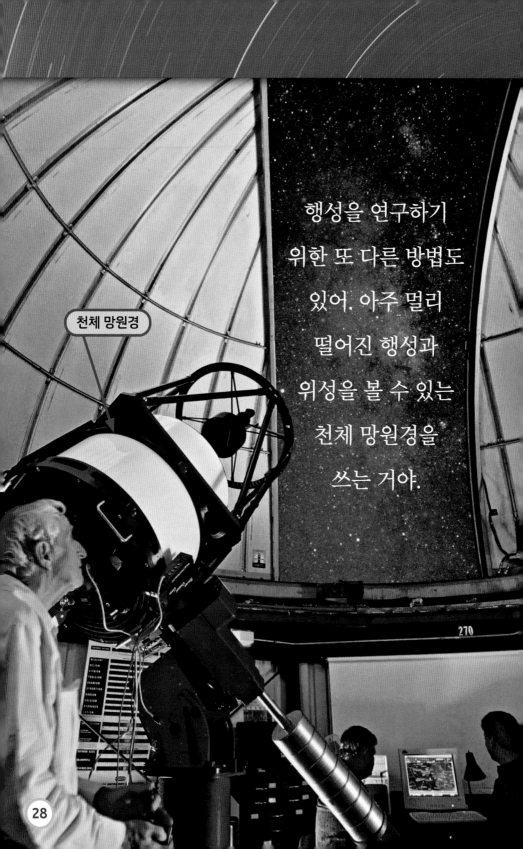

천체 망원경

행성을 연구하기
위한 또 다른 방법도
있어. 아주 멀리
떨어진 행성과
위성을 볼 수 있는
천체 망원경을
쓰는 거야.

1977년에 발사되어
목성과 토성을
탐사한 우주 탐사선,
보이저 1호야.

우주 탐사선도 행성에서
정보를 모아 와. 행성의
사진을 찍거나 행성 겉면의
빛과 기온을 측정하지.

이처럼 과학자들은 여러 도구를
써서 행성의 놀라운 비밀을 밝혀내고 있어.
우리는 앞으로 또 얼마나 흥미진진한 사실을
알게 될까?

도전! 행성 박사

퀴즈를 풀면서 배운 내용을 확인해 봐!

정답은 31쪽 아래에 있어.

1

태양에 대한 설명 중 틀린 것은?

A. 태양은 별이다.
B. 스스로 빛과 열을 만들어 낸다.
C. 지구보다 훨씬 작다.
D. 다른 행성들이 그 주변을 돈다.

2

다음 중 해왕성의 특징은?

A. 태양계에서 가장 센 바람이 분다.
B. 태양계 행성 중 가장 뜨겁다.
C. 크게 기울어져서 누운 듯이 돈다.
D. 올림퍼스 몬스 화산이 있다.

3

목성에 있는 거대 소용돌이의 이름은?

A. 대적점
B. 세레스
C. 마케마케
D. 하우메아

4

위성을 딱 하나만 가진 행성은?

A. 수성
B. 지구
C. 화성
D. 천왕성

5

행성의 고리를 이루는 주요 물질은?

A. 다이아몬드
B. 금속
C. 철
D. 얼음과 먼지

6

먼 우주를 관찰할 때 필요한 건 뭘까?

A. 돋보기
B. 잠수함
C. 천체 망원경
D. 손전등

7

과학자들이 연구를 위해 화성으로 보낸 것은?

A. 비행기
B. 유에프오
C. 탱크
D. 화성 탐사 로봇

정답: 1.C, 2.A, 3.A, 4.B, 5.D, 6.C, 7.D

행성
별 주위를 도는 커다란 암석과 기체 덩어리.

위성
행성 주위를 도는 얼음이나 암석 덩어리.

이 용어는 꼭 기억해!

지구

별
스스로 빛을 내는 기체 덩어리.

중력
태양, 지구 등이 물체를 끌어당기는 힘.

궤도
행성이나 달이 태양이나 다른 행성을 돌면서 그리는 타원 모양의 길.

반사
똑바른 방향으로 나아가다가 다른 물체에 부딪혀 방향을 바꾸는 것.